德清地方名菜名点

DEQING DIFANG MINGCAI MINGDIAN

周武杰 主 编

浙江工商大学出版社
ZHEJIANG GONGSHANG UNIVERSITY PRESS

图书在版编目（CIP）数据

德清地方名菜名点 / 周武杰主编 . — 杭州 : 浙江工商大学出版社，2014.6（2015.2 重印）

ISBN 978-7-5178-0511-3

Ⅰ . ①德… Ⅱ . ①周… Ⅲ . ①菜肴－介绍－德清县 Ⅳ . ① TS972.182.554

中国版本图书馆 CIP 数据核字（2014）第 129824 号

德清地方名菜名点

周武杰　主 编

策划编辑　谭娟娟
责任编辑　谭娟娟　郑　建
封面设计　王好驰
责任印制　包建辉
出版发行　浙江工商大学出版社
（杭州市教工路 198 号　邮政编码 310012）
（E-mail: zjgsupress@163.com）
（网址：http://www.zjgsupress.com)
电话：0571-88904980，88831806（传真）
印　　刷　绍兴虎彩激光材料科技有限公司
开　　本　787mm × 1092mm　1/16
印　　张　5
字　　数　90 千
版 印 次　2014 年 6 月第 1 版　2015 年 2 月第 2 次印刷
书　　号　ISBN 978-7-5178-0511-3
定　　价　20.00 元

浙江工商大学出版社营销部邮购电话　0571-88904970

《德清地方名菜名点》编委会

顾　　问　李林生

主　　编　周武杰

参编成员　白　杨　沈勤峰　杨伟礼　赵立功

刘天宝　周建良　王　斌　冯林芳

姚燕春　沈建妹

前言

德清地处长江三角洲腹地，东望上海、南接杭州、北连太湖、西枕天目山麓。全县总面积为 936 平方千米，“五山一水四分田”，素有“鱼米之乡、丝绸之府、竹茶之地、文化之邦、名山之胜”的美誉。德清地势呈西高东低走向，西部为天目山余脉，群山连绵、林木葱郁，以生产茶叶、高山蔬菜、水果为主；中部为丘陵、平原，主产粮、畜、笋、茶；东部为平原水乡，河渠似网，鱼塘棋布，为全县粮食、名特优水产品、畜禽的主要产区。基于此，德清饮食文化十分深厚。

长桥河特有鱼类——逆鱼，体丰、肉细、味鲜，堪称“江南一绝”，长桥河捕逆鱼的场景已成为德清的经典记忆之一；新市茶糕选料考究、松香鲜嫩，明正德刊本《仙潭志》与清康熙年的辑本《仙潭文献》证实茶糕距今至少有 400 年的历史；俞曲园先生在《春在堂集》中记载，杭菜名肴“西湖醋鱼”源自德清新市烧鱼方法；20 世纪初，羊肉老板张和松取“一品当朝”之意创立经营的“张一品酱羊肉”先后进入沪宁杭、京津地区及港澳地区，以及东南亚市场，入选《中国名菜谱》（1988）；等等。德清饮食文化博大精深，值得大家去挖掘与研究。

为系统整理和介绍德清的特色菜肴，传承与创新德清烹饪技艺，我们邀请餐饮行业的专家和职业学校的烹饪教师，搜集汇编了《德清地方名菜名点》。本书分德清地方菜篇、德清面点篇、创新菜点篇、宴席篇及德清烹饪原料篇几个部分，系统地介绍了在德清饮食市场和百姓日常生活中具有一定影响力的传统菜肴和面点、盛产于德清的特色烹饪原料、反映德清地方特色的名宴“游子文化宴”等，以及近几年在省级以上烹饪比赛中获奖的创新菜点。本书可供德清餐饮界同仁交流所用，也可作为职业学校烹饪旅游专业师生选修教材使用，以更好地为地方经济建设服务。

在资料的搜集整理过程中，我们得到了中国烹饪大师李林生先生的整体方案设计与技术指导，乾元八旬老人缪顺芝，莫干山大酒店邱明明、陈荣方、姚燕春、黄明，洛舍大酒店冯林芳等师傅为我们精心制作菜点，新市银都大酒店、清溪鳖业有限公司、新市根芳茶糕店、乾元成校、新市成校、洛舍成校等为本书的汇编工作提供了支持，在此一并表示感谢。鉴于编者水平有限，时间紧迫，难免存在纰漏和差错，敬请谅解并提供宝贵意见。

编　者

二〇一四年六月

目录

德清地方菜

德清面点

创新菜点

宴　席

德清烹饪原料

新市酱羊肉

张一品乃是新市的一家百年老店，位于古镇新市北街中段。清同治九年（1870），宁波人张和松来新市经商，他先与他人合伙而后独资在北街开设“张裕泰”饭店。新市有条羊行街，早在明朝时便有很多商贩在该街买卖湖羊，至晚清时，做湖羊生意的店铺达八九家，而且新市人历来喜食羊肉。于是张和松精心研究烧煮羊肉方法，因他的羊肉肥而不腻、鲜嫩香酥，故“张裕泰”羊肉得到顾客青睐而打开销路，后张和松取“一品当朝”之意将“张裕泰”更名“张一品”。“张一品”羊肉以选料考究、佐料精美著称。其所购湖羊要求是健壮无病的嫩口二牙，佐料用精白冰糖、陈年老姜、隔年晒油、正宗红曲、山东大红枣及胡椒、茴香等。

【主料】带皮湖羊肉（剔去腿骨及扇骨）30000 克。

【配料】羊肉油 2 整张（约重 3 千克）、红枣 500 克、姜末 250 克、姜块 1000 克、青蒜末 250 克、辣椒末 200 克、白砂糖 500 克、胡椒粉 15 克、红曲 10 克、小茴香（用纱布包好）15 克、料酒 1500 克、上等酱油 2000 克、盐 250 克。

【制法】

1. 将羊肉按部位分档斩成若干大块（每块约 250 克）、取大锅一只，置旺火上，放进羊肉，舀入清水浸没，待水煮沸撇去浮沫，将羊肉捞起，汤汁另装容器待用。
2. 再将羊肉放入大锅里，加入姜块、红枣、料酒、酱油、白砂糖、盐、辣椒末、红曲和小茴香包，倒入汤汁，搅拌均匀，使其着色、调味均匀。
3. 随后将锅面上的肉铺平，盖上羊肉油，然后放上竹箅子，用钵头盛水压实，加锅盖密封。用旺火煮熟后，用微火焖 2 小时。
4. 至羊肉酥烂入味，启盖撇去汤面油脂、浮沫，捡去红枣、姜块和小茴香包。食用前，逐层取肉，拆去羊肉的小骨装盆，浇上原汤汁，并按食者所好，撒上姜末、青蒜末、辣椒末。

【特点】色泽红亮、酥而不烂、汁浓味醇、香气四溢。

【功效】羊肉味甘而不腻，性温而不燥，能补肾壮阳、温补气血、开胃健脾。

生炒小羊肉

羊肉具有滋补作用，能够起到滋补壮阳的作用，一般适宜在冬天食用，春天来临后，羊肉作为滋补饮食就很容易上火，所以正月十五以后一般都已经停止销售羊肉。同时，从营养价值的角度来考虑，冬季湖羊的营养集中于肉和内脏，到了初春，湖羊的营养转向皮肤和毛发，羊肉的营养价值明显下降。因此，盛行一冬的湖羊肉下市后，取而代之的是一种羔羊肉。羔羊肉一般采用生炒的烹饪方法，佐以辣椒、大蒜、香料等，鲜香嫩滑，也具有温补作用。

【主料】小羔羊肉 750 克。

【配料】大蒜籽 15 克、料酒 30 克、酱油 25 克、白糖 10 克、盐 2 克、味精 2 克、青蒜 20 克、胡椒粉少许、水淀粉 5 克、色拉油 75 克、大茴香 1 颗、干辣椒 3 只。

【制法】

1. 将小羊肉剁成大小均匀的块，在沸水锅中焯去血水。
2. 油烧热后，投入蒜籽炒香，然后放入经焯水的小羊肉块翻炒至断生，放入料酒、酱油、白糖、盐、大茴香、干辣椒、清水，加盖烧沸，移至小火上继续加热。
3. 羊肉入味后，用旺火收浓汤汁，放入青蒜，加入味精拌匀，勾薄芡，淋明油出锅，装盆，撒上胡椒粉即可。

【特点】色泽红亮、味鲜肉嫩。

【功效】补肾壮阳、暖中祛寒、温补气血。

白切湖羊肝

湖羊肝营养丰富，其中蛋白质、脂肪、钙、磷、铁、尼克酸、维生素A等含量丰富，能促进身体的新陈代谢，可防止夜盲症和视力减退，有助于对多种眼疾的治疗。羊肝异味较大，所以在烹煮时应尽量煮透，还要注意不要煮得太老，以免影响滑嫩鲜美的口感。羊肝含胆固醇高，故高脂血症患者忌食。

【主料】生羊肝 300 克。
【配料】黄酒 10 克、生姜 5 克、胡椒粉 4 克、精盐 20 克。
【制法】
1. 将羊肝洗净，浸出血水，再将其放入锅中，待水沸后撇去浮沫。
2. 锅中加水、黄酒、生姜、少许盐，用文火焖上 1 小时，用原汁浸没。
3. 羊肝凉透后取出切片装盘，随带精盐或椒盐碟蘸食。

【特点】甘香可口、色泽灰白。
【功效】羊肝味甘、苦，性凉，入肝经，有益血、补肝、明目的作用，可治疗夜盲、贫血。

洛舍肉饼子

洛舍肉饼子选用鲜肉剁成肉末，加大蒜籽等作料，做成圆饼状放在油锅内煎炸成焦黄色便成，肉饼鲜香松软，是下酒佐餐的一道好菜。洛舍肉饼子的作料和炸煮火候与众不同，令其风味独特。

【主料】夹心肉 250 克、肥膘 200 克。

【配料】蒜末 50 克、鸡蛋 2 个、色拉油 1500 克、盐 2 克、白糖 10 克、料酒 20 克、淀粉 75 克、味精 3 克。

【制法】

1. 将夹心肉、肥膘切成绿豆大小的粒。
2. 把肉粒放入盛器中，加入蒜末、蛋液、料酒、白糖、盐、味精，搅拌上劲，再加入淀粉拌匀。
3. 将拌好的肉挤成大小一致的 10 个肉圆。
4. 锅置中火上，加入 1500 克色拉油，加热至四成热时，改用小火，左手心蘸上清水（防粘连），放入肉圆一个，揿扁，逐个放入油锅中，待肉饼浮起结壳，捞出。油温升至六成时，放入肉饼复炸至金黄色捞出装盘，附带醋碟上桌。

【特点】色泽金黄、成型完整、咸鲜松香。

【功效】性平，味甘咸，可补肝益血，滋阴润燥。

竹香生态鸡

竹林鸡全天候放养在毛竹林、山林及茶园里，整天自由觅食，食以青草、嫩枝、虫蚓、野果为主，补饲玉米、稻谷等五谷杂粮，喝山泉水。竹林鸡的饲养日龄在120天以上，从培育优质鸡苗到商品鸡出栏，全程不给鸡使用任何抗生素药物，商品鸡质地优良，符合生态无公害产品的标准。

【主料】竹林鸡1500克。

【配料】青红椒块30克、京葱150克、香菇50克、白切鸡调料20克、卤水汁15克、蒸鱼豉油15克、糖20克、料酒100克、味精20克、芝麻若干。

【制法】

1. 先将鸡焯水，放入容器中，往容器中加入白切鸡调料、卤水汁、蒸鱼豉油、料酒、鸡精适量烧至全熟。
2. 沥干汤汁，在锅中垫上锡纸，铺上茶叶、糯米、白糖熏制7分钟。
3. 取出竹林鸡放入砂锅内加热，加入京葱、青红椒块，撒上芝麻即可。

【特点】肉质细嫩、熏香扑鼻。

【功效】补虚填精、温中益气。

氽毛肉圆子

氽毛肉圆子亦称“刺毛肉圆”，它的闻名与乾隆皇帝有关。乾隆下江南时，每路过一地，当地官员便奉上地方名肴让他遍尝。一次，厨师打算做“红烧狮子头”，因一个不小心，将狮子头掉到了旁边准备裹粽子的湿糯米里，于是将错就错，将做好的肉圆放进糯米里去滚了一下，然后上锅去蒸。这肉圆子上粘着的糯米颗颗竖起，像刺毛一样，从此，“刺毛肉圆”就一直流传至今。

【主料】夹心肉 500 克 。

【配料】鲜笋（或韭芽）50 克、糯米 250 克、料酒 10 克、盐 20 克、味精 2 克、葱 5 克、姜 5 克、千张少许。

【制法】

1. 将糯米浸泡 2—3 小时待用。
2. 用刀把夹心肉剁成肉泥，将鲜笋（或韭芽）、姜切成细末。
3. 往肉末和鲜笋（或韭芽）、姜末中加入料酒、盐、味精搅拌上劲，拌入 100 克浸泡过的糯米，挤成大小一致的肉圆（75 克 / 个），放入沥干水分的糯米中，均匀地滚粘上糯米后，将其取出放入垫好千张的蒸笼中。
4. 铁锅中加入五分之四的清水，加盖，用旺火加热至沸腾，放上蒸笼并加盖，用旺火蒸制 20 分钟，取出肉圆装盆，撒上葱花即可。

【特点】饭粒晶莹剔透、成型完整、味鲜软糯。

【功效】补虚强身、滋阴润燥、丰肌泽肤。

洛舍鱼圆子

洛舍鱼圆子以剁碎的鱼肉为原料，加适量姜汁、食盐、味精，捣成鱼泥，调进薯粉，搅匀后挤成小圆球，入沸汤煮熟。其色如瓷，富有弹性，脆而不腻，为宴席常见菜品。而洛舍的鱼丸，较之一般的鱼丸，多了一份鲜美，是周边乡镇及浙江其他地区不能比拟的，是洛舍的传统菜肴，深受众多食客的喜爱。一般在每年冬季，养鱼户烧鱼汤饭时，都会有鱼圆这道菜，现在每逢过年过节，也都会制作这道菜。

【主料】鲢鱼 1000 克。

【配料】韭芽（或冬笋）10 克、精盐 5 克、味精 2 克、姜汁水 20 克、清汤 500 克、猪油 5 克、葱花 2 克。

【制法】

1. 将鲢鱼宰杀洗净，分档取下 2 块软骨，用刀轻轻刮下鱼泥。
2. 将刮下的鱼泥用清水漂洗，去尽血水，并剁成鱼茸。
3. 鱼茸加入姜汁水、精盐和适量的清水，顺一个方向打上劲，加味精、韭芽（或冬笋），将鱼茸挤成直径 3.5 厘米左右的丸子，入清水锅中小火加热，慢养至熟。
4. 锅中加清汤，烧开，放入鱼圆，淋入猪油，撒上葱花，即可出锅。

洛舍老豆腐

洛舍老豆腐中存在大量蜂窝状的孔隙，与嫩豆腐相比，不仅韧性较强，含水量较低，且豆味香浓。老豆腐的质地较硬，不易碎烂，因此适合用来煎、炒、煮、炸或烧制成各种豆腐菜肴。《故都食物百咏》中称老豆腐："云肤花貌认参差，已是抛书睡起时，果似佳人称半老，犹堪搔首弄风姿。"

【主料】老豆腐 500 克。

【配料】熟菜籽油 50 克、黄酒 10 克、酱油 15 克、葱 5 克、蒜 5 克、茴香 3 克、桂皮 3 克、干红椒 3 克、味精 5 克、麻油 5 克、辣油 5 克。

【制法】

1. 将老豆腐切成长宽 1.5 厘米左右的方块，下入水锅中，加盖，旺火煮至豆腐成蜂窝状。
2. 往锅中加入桂皮、茴香、干红椒、黄酒、酱油、熟菜籽油，旺火烧开后，小火慢炖至入味。
3. 挑去香料，加入味精，旺火收汁，淋上麻油、辣油，即可出锅装盘，撒上葱花、蒜末，浇上一小勺沸油。

【特点】豆腐酥软，鲜香味浓。

【功效】清热利尿、益气宽中、消肿散血。

洛舍豆腐干

洛舍豆腐干约一寸见方，黑里透红，口感兼有咸、甜、鲜、韧、香，一直是德清人最喜爱的美味食品之一。据记载，100 年前，洛舍镇上有 13 家豆腐作坊生产这种豆腐干，其用料考究，有一套完整的制作工艺，从原料到成品需要十几道工序，生产的豆腐干在当时已经名扬县内外。洛舍豆腐干一般选择黄豆作为原料，豆经磨浆、烧浆、点浆、切块后，要包坯、榨水、打汤，第二天早上烧煮后捞起即可。产品黑里透红，香气扑鼻，味道咸、甜、鲜具备，韧性十足。

【主料】洛舍豆腐干 400 克。

【配料】葱 5 克、茴香 5 克、桂皮 5 克、干红椒 5 克、黄酒 10 克、酱油 10 克、味精 5 克、熟猪油 5 克、麻油 5 克、辣油 5 克。

【制法】

1. 将豆腐干入水锅，用旺火烧开，撇去浮沫，加盖煮至内空。
2. 往锅中加桂皮、茴香、干红椒、黄酒、酱油、熟猪油，小火煮至上色入味。
3. 拣去香料，旺火收汁，淋上麻油、辣油即可装盘，葱段用油煸香，浇在上面。

【特点】色泽黑红，味浓，入口留香。

【功效】养生保健，具有抗氧化作用。

炸细沙羊尾

细沙羊尾是德清县特色甜菜，听其名似乎与羊尾巴有关，其实因其形状似德清特产湖羊的羊尾而得名。德清菜馆置办筵席，绝少不了这一佳肴，尤以春、秋、冬三季食用为多。

【主料】细沙 250 克、生猪板油 100 克、粳米粉 50 克（约耗 15 克）、鸡蛋 5 个、干淀粉 40 克、干糯米粉若干。

【配料】熟猪油 1500 克（约耗 75 克）、绵白糖 40 克。

【制法】

1. 将生猪板油剥去膜，劈成 20 片长方形薄片，摊平，将细沙捏成 20 粒丸子，分别放在板油片上包卷好，滚沾干糯米粉，用手捏紧成“羊尾馅”。
2. 取大汤碗 1 只，擦干水迹，放入鸡蛋清，把鸡蛋清甩打成蛋泡，加入干淀粉、粳米粉，拌成蛋泡糊。
3. 炒锅置旺火上，放入熟猪油加热至两三成热时，移至微火上，把羊尾馅心逐个滚包上蛋泡糊，放人油锅，改用中火，翻炸至外层结壳、呈淡黄色时捞起。装盘时，撒上绵白糖和捻细的玫瑰花瓣即成。

【特点】色泽金黄、油润香甜。

【功效】健脑益智，防止动脉硬化，延缓衰老。

炸烹逆鱼王

江南梅雨季节，德清阴雨连绵，苕溪水涨，逆鱼从太湖回溯产卵。德清境内诸水汇聚，山转水弯，逆鱼麇集，成为捕捞佳地。民国《德清新志》说："鱼多逆水，以逆水者则美，顺流者则劣，故而逆鱼独得其名。逢梅汛结群而来。初水者大，二水者次之，三水者小矣。此鱼初入余不溪，鱼身坚实，体肥而卵满。如逆湖至上游，体力耗尽，鱼体瘠瘦，味则差矣"。

【主料】逆鱼 300 克、鸡蛋 1 个。

【配料】盐 2 克、料酒 5 克、味精 3 克、葱 5 克、花椒盐 5 克、色拉油 750 克（约耗 80 克）、胡椒粉少许。

【制法】

1. 将逆鱼去鳞，去内脏，洗净，沥干水分后，往鱼内加料酒、精盐、味精、胡椒粉、葱腌渍入味待用。
2. 锅置中火上，放油烧至四成左右热时，投入逆鱼，将鱼炸至色淡黄时捞出，油至六成热时再复炸，到外壳酥脆时捞出沥油，装盘时随带花椒盐味碟上席。

【特点】口感香脆、色泽金黄，外香脆、里鲜嫩。

【功效】暖胃和中，温补通利。

虫草鳖鞭盅

【主料】鳖鞭20条、虫草20克。

【配料】精盐2克，枸杞10克，味精2克，葱、姜各20克，绍酒20克，香油10克，白胡椒粉少许。

【制法】

1. 将鳖鞭去表皮，洗净，入沸水汆后待用。
2. 将鳖鞭放入小盆内，倒入清汤，上笼炖1小时，再加入虫草、枸杞和葱、姜、绍酒，再炖1小时，至鳖鞭绵软、虫草糯化、枸杞味溢时，倒出汤汁，将鳖鞭取出倒入盅中。
3. 炒锅上火，加入清汤、精盐、味精、白胡椒粉、香油调味，装盅即成。

【特点】汤汁清爽鲜醇、营养丰富，为滋补佳品。

【功效】补肾强身，旺精添力，壮腰健肾，益气补髓。

蚬汁焖鳖腿

【主料】鳖腿 300 克。

【配料】火腿肉 15 克，精盐 6 克，味精 6 克，姜、葱、料酒各 5 克，色拉油 30 克，蚬汁 20 克，清汤 50 克，湿淀粉 5 克。

【制法】

1. 将鳖宰杀后剁下鳖腿，用沸水焯烫洗净。
2. 使用精盐、味精、姜、葱、料酒调味后将鳖腿上笼大火蒸 20 分钟后取出，用刀将骨头剥离。
3. 将清汤放入锅中，大火烧开，加入精盐、火腿末、蚬汁，再放入鳖腿转至中小火烧制入味后勾芡装盘即可。

【特点】色泽红亮、味鲜料酥。

【功效】滋阴清热、补肾健胃、滋肝益气、凉血养血。

清蒸养生鳖

德清属太湖流域，素称“鱼米之乡”，其地理环境适宜野生鳖的繁衍生长。而德清的清溪实业有限公司开发的清溪花鳖、清溪乌鳖更具独特品位。它们是从当地众多野生鳖中经过严格筛选后培育而成的，采用鱼鳖、虾鳖混养，稻鳖轮作的生态养殖模式，使用鲜活饵料及营养丰富的深海鱼粉制成的优质食料饲养，并在其中加入黄岑、黄连、母草、陈皮、杜仲等中草药以增强鳖体自身抗病能力，令鳖体内不含抗生素、激素等有害残留物质。

【主料】花鳖一只（500 克）。

【配料】火腿 25 克、菜心 2 颗、枸杞 15 克、冬笋 5 克。

【调料】猪油 25 克、精盐 10 克、葱 15 克、姜 10 克、绍酒 15 克、胡椒粉适量。

【制法】

1. 将清溪花鳖宰杀后斩去脚爪，然后剁成长宽 4 厘米的块（花鳖盖不剁），用开水焯烫，捞出洗净。
2. 火腿、冬笋均切成 5 厘米长、2.5 厘米宽的片。香菇洗净去蒂，沸水烫熟。葱切段，姜切片。
3. 将花鳖按其形状摆入汤盆，然后再放入猪油、精盐、料酒、葱、姜及清水，上笼炖至烂熟，取出花鳖，去掉葱、姜。
4. 将原汁倒入锅中，调好味，浇入花鳖内，用火腿、冬笋、菜心做点缀。

【特点】汤清味浓、肉烂鲜醇。

【功效】滋阴，退虚热，化痰止咳。

扒花鳖裙边

裙边，也叫飞边，位于甲鱼周围，是背甲（上边）边缘很软的一圈软肉，是甲鱼身上滋味最鲜美的部分。五代时，谦光和尚一句“但愿鹅生四掌，鳖留两裙”，给予了甲鱼裙边很高的评价。用其做原料烹调的菜肴有：红烧裙边、鲍鱼裙边、大蒜裙边、白汁裙边、火爆裙边等。

【主料】清溪花鳖裙边 300 克。

【配料】猪油 50 克，洋葱 50 克，鲜汤 250 克，蚬汁 50 克，糖 3 克，精盐 5 克，酱油 10 克，麻油 5 克，葱、姜、蒜 50 克，料酒 15 克，味精 5 克，胡椒粉适量。

【制法】

1. 将清溪花鳖裙边的黑皮刮净，并把鳖裙边加工成 5 厘米长、2 厘米宽的块，放入锅中，加入冷水烧沸，用冷水洗净备用。
2. 将炒锅置旺火烧热，放入熟猪油，烧至七成热，放入裙边煸炒，待收干水后，烹入料酒，加入鲜汤、糖、盐、酱油、蚬汁烧沸，用小火加热至汤汁将尽时，加入味精、麻油收汁，撒上胡椒粉，将裙边装入盘中。

【特点】色泽紫红、质地软糯、鲜香利口。

【功效】补劳伤，壮阳补阴，适宜体质衰弱、肝肾阴虚等人群食用。

霸王第一鲜

鱼羊两字合而为“鲜”，故自古便有鱼羊合烹成菜的说法，其一说鱼应为甲鱼，与羊肉合烹，味道鲜美、营养丰富。

【主料】清溪花鳖一只（250 克）、羊肉 200 克。

【配料】生姜 100 克，料酒 50 克，火腿 100 克，洋参须少许，盐、胡椒粉适量。

【制法】

1. 将花鳖宰杀洗净，切成上、下两爿，下爿切成 4 块，把羊肉剁成小颗，加盐、酱油、料酒搅拌，放入花鳖腹腔内。
2. 将花鳖以原样放入砂锅，洋参须、火腿片、姜片间隔加入花鳖内，盖上锅盖，蒸 1 小时取出。
3. 将花鳖装盘，余汤滗出，旺火烧沸，加味精调味，勾薄芡，淋明油，浇在花鳖上。

【特点】香醇可口、汤清味鲜。

【功效】花鳖补益阴血，滋阴凉血；羊肉益气补虚，温中暖下；两者合烹主治因肾阴不足兼脾胃阳虚所出现的头昏、耳鸣、潮热、盗汗等症。

防风氏甲鱼

位于"防风氏王国"的下渚湖是浙江的第五大淡水湖泊，旧称"防风湖"，其水域面积略小于西湖。湖水清澈，港湾交错，芦苇成片，湖中盛产菱角、鳜鱼、青虾、湖蟹、甲鱼等。其中，野生甲鱼质地优良、营养丰富、口味鲜美。

【主料】甲鱼 1000 克。

【配料】熟火腿 50 克、水发香菇 10 克、肥膘肉 50 克、蒜头 30 克、葱 10 克、姜 10 克、料酒 15 克、鸡油 10 克、香油 10 克、蚬汁 10 克、白胡椒粒少许。

【制法】

1. 将甲鱼宰杀，清洗干净，用滚水烫过，去壳，剁成 2.5 厘米见方的块，洗净，滤干水分，放料酒、盐腌渍 10 分钟，滤去盐水，取蒸盅，先放入盖壳，再放甲鱼肉。
2. 将熟火腿切成 2.5 厘米长、1.6 厘米宽的薄片，香菇洗净去蒂切小片，蒜头去皮，肥膘肉切成 3 条，把白胡椒粒拍碎，葱打结，把姜、盐放入蒸盅内，下料酒、蚬汁、香油。
3. 将放好料的甲鱼蒸烂，取出葱、姜、肥膘肉，将甲鱼倒入碗内，用筷子将头、尾、四脚摆好，盖上甲鱼壳，让部分头、尾、脚露出一小部分在汤上，淋上鸡油即可。

【特点】汤清味醇、肉质细嫩、裙边肥糯。

【功效】补痨伤，壮阳气，大补阴之不足。

茶香“水精灵”

【主料】“水精灵”青虾 500 克。

【配料】色拉油 1000 克，莫干黄芽 50 克，料酒 5 克，香油 3 克，醋 3 克，白糖 5 克，盐 5 克，味精 3 克，葱、姜、蒜适量。

【制法】

1. 将莫干黄芽放入大碗中，用沸水冲泡 15 分钟，将茶叶与茶汤分离，茶叶控干水。再将水精灵青虾剪去须和刺，洗净沥干水。
2. 将青虾放入茶汤中浸泡，加入 1 汤匙料酒搅匀后静置 30 分钟，捞起沥干水。
3. 锅置火上，将色拉油加热至八成热，放入青虾油爆一下，立即捞出。
4. 锅留余油，放入茶叶，用中火翻炒 5 分钟，将葱、姜、蒜煸出香味后放入青虾，加料酒、白糖、醋，颠翻几下，淋上香油，盛装入盘内即可。

【特点】虾肉质鲜嫩，茶香扑鼻。

【功效】青虾性温味甘，入肝、肾经，有补肾壮阳、通乳抗毒、开胃化痰等功效。

水煮河蛏汤

德清山清水秀，溪河沙石相间，水流清澈，盛产河蛏子。古人有“河蛏肉质肥美，洁如羊脂，软若棉絮，活杀鲜剖，味鲜质脆”之说，现在蛏子已成德清名产。过去，农人用长竿铁钩缘溪刺探，若有河蛏，巧转铁钩，轻轻上提便可得。得法者，日取十斤不奇。获取后，堆垛浇上泥浆，上覆稻草，可以久存。如有上宾登临，桌上一味“水煮河蛏”，被视为待客“珍肴”。

【主料】河蛏肉 250 克、冬笋 50 克。

【配料】咸瘦肉 20 克、精盐 15 克、料酒 10 克、蚬汁 10 克、姜 5 克、葱 5 克。

【制法】

1. 将加工好洗净的河蛏肉切成薄片，用料酒渍数分钟。并将冬笋切片，咸瘦肉切小片，姜切指甲大小的片，葱加工成葱花。
2. 锅置火上，加入汤水，放入姜片、冬笋片、咸肉片煮沸，加入精盐、糖、蚬汁调味，将沥净水的蛏肉放入锅中，煮沸，去净浮沫，盛入汤碗，撒上葱花，淋入熟猪油即可。

【特点】汤色清澈、味鲜脆嫩。

【功效】清热明目，滋阴解毒。

雪菜黄颡鱼

黄颡鱼的背鳍刺和胸鳍刺均有毒腺，为淡水刺毒鱼类中毒性较强的鱼类之一，人一旦被其刺中，会立即产生强烈的灼痛，常因穿刺造成撕裂、出血、局部肿胀并引起发烧，患处剧痛半小时至一小时。初加工时，应从下颚处将黄颡鱼撕开，挖去腮、内脏，用清水洗净即可。

【主料】黄颡鱼 3 条（约 400 克）、雪菜 100 克。

【配料】色拉油 30 克、盐 5 克、糖 10 克、料酒 10 克、姜 5 克、葱 3 克、味精 3 克、清汤 750 克。

【制法】

1. 将黄颡鱼初加工，洗净；雪菜切除老根、老叶，洗净；小葱 2 根切小段（葱白、葱青分开），姜块拍松。
2. 锅置火上，加少量油，放入姜块、葱白煸出香味，将黄颡鱼略炒，加入料酒，加清汤、雪菜用大火烧开后，加入盐、糖调味，改中小火，慢慢烧约七八分钟后撒上葱段，再调入味精即可出锅装盘。

【特点】菜色纯朴、鱼嫩菜鲜。

【功效】黄颡鱼味甘、平，微毒，利小便，消水肿，祛风，可用以主治水肿、喉痹肿痛等症。

碎烧鲢鱼块

德清洛舍地区每到冬季，养鱼户都会干荡捕鱼，之后都会烧一桌鱼汤饭，以鱼为主菜，一般是红烧鱼块，另一道菜是鱼圆汤。顾名思义，鱼汤饭也是因此得名，其他还有凉拌黄瓜、芹菜等作为辅菜。

【主料】花鲢鱼 750 克。

【配料】菜籽油 30 克、盐 10 克、糖 10 克、料酒 10 克、酱油 15 克、姜 10 克、蒜 10 克、葱 5 克、胡椒粉 2 克。

【制法】

1. 将花鲢鱼宰杀洗净，切块，用清水冲洗净血水。
2. 将炒锅划油，放入菜油烧至四成热，下大蒜子、生姜，煸香，再将鱼块下锅略煎，加入料酒、酱油、盐、糖调味，用小火烧至成熟入味，后用大火将汤汁收制浓稠，撒上葱花，即可出锅。

【特点】肉质鲜嫩，口味独特。

【功效】温中益气、暖胃补气。

油焖“山伢儿”

德清早园笋，又名园笋、早笋。为德清县传统特产，素有“蔬菜之王”的美称。德清早园笋，为笋中珍品，主要产于德清县二都、上柏、城关、雷甸、武康、三合、秋山等乡镇，尤以二都早园笋最佳。早园笋以其矮、壮、粗、嫩，颜色呈黄紫且带油光，笋肉厚实，白嫩鲜美，清香爽口而享有盛名。具有香、甜、松、脆之特色。种植始于唐朝，已有 1300 余年历史，古时称之为“猪蹄红”。德清县林业局于 1999 年为本县早园笋注册了“山伢儿”商标。

【主料】“山伢儿”春笋 500 克。

【配料】酱油 100 克、白糖 25 克、味精 2 克、芝麻油 15 克、色拉油 75 克。

【制法】

1. 将笋内洗净，对剖开，用刀拍松，切成 5 厘米长的段。
2. 将炒锅置中火上烧热，倒色拉油加热至 130 度左右时，放入花椒，炸香后捞出，将山伢儿春笋入锅煸炒至色呈微黄时，立即加入酱油、白糖和水 100 毫升，用小火烧五分钟，待汤汁收浓时，放入味精，淋上芝麻油即成。

【特点】嫩春笋以重油、重糖烹制，色泽红亮、鲜嫩爽口、略带甜味。

【功效】滋阴、益血、化痰、消食、利便。

酱肉蒸春笋

德清酱肉在南宋时期就有生产，至今已有五六百年的历史。酱肉一般在腊月里酱制，选用肋条肉或夹心肉，切成两指宽的条状，先用少量食盐初步腌制，待肉中的血水淋干后，去除肉上留下的盐，洗净缸或盆后，将缸或盆擦干，把肉放入其中，倒入煮过的红酱油（没过肉面）酱制。3—5 天后把肉上下翻动一遍，再过 3—5 天取出。将酱肉系上绳子，放在阴凉处淋干酱油，然后再晒 3—5 天，就可贮存备用。

【主料】酱肉 50 克、春笋肉 350 克。

【配料】鸡汤 25 克，盐 5 克，糖 5 克，葱、姜、红椒少许。

【制法】

1. 将春笋放入开水锅里焯水，捞出放在凉水中漂一下，切成滚料块，放入盆中。
2. 酱肉切片依次放在春笋上面，放入盐、糖、鸡汤，上笼蒸 10 分钟后拿出。
3. 锅中烧热油，盆中央放上葱、姜丝、红椒丝，淋上热油即可。

【特点】原汁原味、清香爽脆。

【功效】滋阴、益血、化痰、消食、利便、明目。

腌肉烧春笋

【主料】春笋 400 克、咸肉 100 克。

【配料】小葱 10 克、黄油 5 克、盐 4 克 、味精 2 克。

【制法】

1. 春笋初加工，切成滚料块；咸猪腿肉洗净，分别切成块。
2. 用砂锅一只，锅内加清水、咸肉块，用大火烧开，撇去浮沫。
3. 往锅中再加料酒、葱段，改用中火慢慢焖至肉熟透入味，去葱段，加味精调味装盘。

【特点】清淡鲜嫩、营养丰富。

【功效】滋阴益血、化痰消食。

咸菜烧毛笋

毛笋，也称毛竹笋。毛竹地下茎节的侧芽成长出土后称为毛笋。其中，冬天笋尚未出土时挖掘的即为冬笋，质量最好。此笋的笋箨由黄褐色至褐紫色，密布棕色刺毛和深褐色斑点或斑块，笋体较冬笋大，笋箨松裹笋肉，笋肉淡黄，一般作为菜肴的主、配料。笋期为 3 月中旬至 4 月下旬。

【主料】毛竹笋 500 克、咸菜 150 克。

【配料】盐 5 克、白糖 15 克、色拉油 150 克、干辣椒 5 克。

【制法】

1. 将毛竹笋去皮，笋肉切成大块，焯水待用；咸菜去老根黄叶，适当浸泡，洗净待用。
2. 将咸菜拧去水分，剁碎。
3. 锅里放油，用干辣椒炝锅，将笋块、咸菜放入，大火炒，炒去咸菜的一部分水分后，加盐、白糖，放少许清水，盖上锅盖焖烧 2 小时入味，出锅装盘。

【特点】咸鲜入味，咸菜酥化，笋块完整。

【功效】竹笋味甘、性微寒，归胃、肺经，具有滋阴凉血、和中润肠、清热化痰等功效。

笋衣红烧肉

笋衣一般采用毛笋的笋衣制成。将毛笋剥壳洗净，放入锅中煮熟。用小刀在笋尖处划一刀，剥出笋衣，平整地取出后将其晒干或烘干。烹调前先用水清洗，浸泡至无硬心后方可使用。

【主料】五花肉 400 克、笋衣 400 克。

【配料】色拉油 30 克、盐 10 克、糖 15 克、料酒 5 克、味精 5 克、高汤 50 克、葱 5 克、姜 5 克、八角 3 克。

【制法】

1. 将五花肉放入热油锅中煸炒至香，加葱、姜、酱油、料酒、盐、八角、糖、高汤。
2. 将笋衣沸水焯制，放入肉中用小火焖至入味后，加少许麻油、味精调味，即可装盘。

【特点】色泽红亮、酥烂鲜香。

【功效】富含人体所必需的蛋白质、粗纤维、氨基酸等营养成分及微量元素硒、锗。

慈母千张包

《游子吟》的作者孟郊是德清武康人，诗中真挚地吟诵了人类普遍而伟大的情感——母爱，通过母亲为游子缝制衣服这个日常生活中最为常见、最为平常的片断，将慈母深厚博大的爱凝结在一针一线上。慈母千张包以游子文化为背景，精选原料制作，将烹饪与地方文化有机结合。在慈母千张包的制作过程中，糯米要蒸透，捆扎结实，在肉汤中煮的时间要控制好。

【主料】千张 5 张、糯米 500 克、香菇 20 克、咸肉 30 克、笋干 50 克。
【配料】肉汤 1000 克、酱油 10 克、猪油 50 克、糖 8 克、味精 5 克。
【制法】
1. 糯米淘洗干净后加入酱油、猪油、糖、味精搅拌均匀后放置 20 分钟。
2. 香菇、咸肉、笋干切粒，放入糯米拌匀。
3. 将拌好的糯米上笼蒸熟。
4. 将千张切成 10 厘米见方，将蒸好的糯米放入千张中，包成圆桶形用棉纱线捆紧。
5. 再将捆好的糯米包放入肉汤中煮透。

【特点】口味鲜香、质地软糯。

鲜肉茶糕

茶糕是水乡古镇新市的名点，以选料考究、味道鲜美著称，具有松、香、鲜三大特色，在杭嘉湖水乡平原小有名气。新市茶糕的历史可追溯到南宋，明朝正德十一年（1517）刊本《仙潭志》与清康熙年的辑本《仙潭文献》均将茶糕列为新市物产，由此可知茶糕有400余年历史。每天早晨新市镇上的众多小贩都会头顶16块装的茶糕箱，将茶糕拿到茶馆叫卖，且顾客大都是茶客，故自南宋流传至今一直未更名，皆称“茶糕”。

【主料】糯米粉5600克、粳米粉2400克、夹心肉2500克、冬笋（或韭芽）800克。

【配料】酱油150克、白糖100克、盐25克、味精20克、料酒30克。（10箱，每箱16块）

【制法】

1. 将糯米粉和粳米粉倒入陶制器具内，加入适量的水（夏季适当多些）抄拌均匀，即成糕粉。
2. 将夹心肉斩成肉末，冬笋（韭芽）切成小粒，加入酱油、白糖、盐、味精、料酒和适量的水搅拌成肉馅。
3. 在糕板上放上竹篱，并在竹篱上垫好糕布，放好夹板。在夹板内放入拌好的糕粉，厚度为夹板的2/3，用夹尺夹平（依夹板上的刻痕推出等分粉痕），在每块正方形的粉坯中间放入肉馅20克，再在上面均匀地撒上一层糕粉，比夹板高出约1厘米即可。用棕掸来帚掸尽夹板上的粉，然后用印板（有花纹的一面向下）复在夹板上面，轻轻地敲打几下，使糕坯受力均匀，压至虚实，拿下印板。用力在夹板上的刻痕纵横各切三刀，取下夹板。托住糕板放在专用的蒸架上，一手捏住竹篱的一头往外拖，使糕坯和竹篱平稳地架在蒸架上，即成生坯。
4. 用旺火将锅内的水煮沸，放入有糕坯的蒸架，盖上专用盖，蒸约18分钟即可成熟。

【特点】皮松糯，馅鲜润，外形完整，形态饱满。

鲜肉烧卖

烧卖用烫面（烫面，即用开水和面，面已半熟，再加入冷水和面，以增加成型能力），再用一种中间粗、两头有把的类似棒槌的特殊擀面杖擀皮，擀出的皮薄而不平，四边如同花边，中间放馅。不用包，一提就成型，上屉蒸熟。皮薄馅大，形若杯，底为圆，腰收细，上面如同花边，美观好吃。与杭州的糯米馅烧卖不同，新市的烧卖馅是用绞碎的猪肉加冬笋做的，蘸点醋，咬一口，鲜美的肉汁便溢了出来，回味无穷。

【主料】面粉 5000 克、夹心肉 10000 克、时笋（或韭芽）2000 克、皮冻 2000 克。

【配料】盐 40 克、料酒 150 克、味精 15 克。（100 客，每客 6 只）

【制法】

1. 将面粉用适量的沸水烫制，晾凉后揉成面团。
2. 夹心肉斩成肉末，韭芽切成细粒，皮冻绞成细粒，合在一起，加入盐、料酒、味精和适量的水搅匀成肉馅。
3. 将面团搓成条状，摘成 600 个小剂，揿扁，用烧卖擀筒，擀成荷叶状的坯皮。
4. 在每张坯皮中加入 35 克左右的馅料，包捏成形。
5. 将烧卖的生坯整齐地排列在蒸笼内，用旺火沸水蒸 6 分钟即可，上桌时附带醋碟蘸食。

【特点】皮薄略有劲道，形态饱满，馅心鲜润。

鲜肉汤包

汤包和小笼包的区别在于，汤包比小笼包稍大，馅心里面是有汤的，而且更注重汤的味道，有些汤包还做成可以用吸管来吸里面的汤汁的样式。汤包做工精细、小巧玲珑，皮薄、馅多，观其形闻其味便能食欲大增。咬开皮，包内有少许油水，故称“汤包”。据说汤包最早可以追溯到三国时期，传说后人为了祭奠刘备夫人孙尚香，效仿诸葛亮发明馒头的故事，用蟹黄和肉馅做成汤包，以代替祭品。

【主料】面粉 5000 克、夹心肉 1500 克、时笋或韭芽 500 克、猪皮冻 500 克、泡打粉 10 克、干酵母 60 克。

【配料】料酒 100 克，酱油 100 克，盐 25 克，白糖 30 克，味精 10 克，蛋皮丝、青蒜花适量，清汤（或肉骨汤）。（100 客，每客 10 只）

【制法】

1. 将面粉加入干酵母、泡打粉和热水（夏天水温可以凉些）和成面团，用湿毛巾盖好，发 15 分钟。
2. 将夹心肉绞成肉末，笋（或韭芽）切成细粒，皮冻绞成细粒，合在一起加入料酒、酱油、白糖、味精和适量的水搅匀成馅。
3. 将面团揉匀，放置醒发。
4. 将面团搓条，摘成 7 克左右的面剂，用手掌揿扁，加 2.5 克的馅料，包捏成型。
5. 将蒸笼底附上纱布，生坯整齐地排列在笼内。上旺火，用沸水锅急蒸 5 分钟即成。上桌时附带沸的清汤（或肉骨汤），撒上少许青蒜末和蛋皮丝即可。

【特点】皮薄松软，肉鲜多卤，形态完整。

新市雪饺

雪饺是德清新市镇一带的特产，据传已有三百余年历史。雪饺是传统茶食珍品，“白如雪，形如饺”，口感松脆，甜度适中，不沾牙，风味独特，是江南传统名糕点之一。雪饺是个形象化的名称，所谓的“雪”，是一种炒熟了的籼米磨成粉，再加入绵白糖，其色如雪而味甜。其以个头饱满不退皮，上口酥松易化不粘牙为佳。食用雪饺的旺季在春节前后。在此期间，新市人外出探亲访友，多馈赠雪饺。

【主料】面粉 1000 克、熟猪油 320 克、清水 230 克、豆沙 100 克、色拉油 3000 克（实耗 900 克）、熟糕粉 1000 克（实耗 600 克，成品 100 只）、糖粉 1500 克（实耗 900 克）。

【制法】

1. 取面粉 550 克、熟猪油 250 克，揉成干油面；取面粉 450 克、熟猪油 70 克、温水 230 克，揉成水油面。
2. 豆沙下成 10 克的剂；糖粉和熟糕粉倒入洁净的大面盆中拌匀待用。
3. 将干油面包入水油面里，封口捏拢，将封口向下，用擀棒擀成薄的长方皮，折成三层再重复一遍，擀成厚为 1 厘米左右的厚皮，卷成实心条状，下剂 100 个。
4. 将剂子按扁，包入豆沙馅，用擀面杖擀成直径 7 厘米的生坯。
5. 锅置旺火上，倒入色拉油，待油温升至五成热时，放入做好的生坯，炸至金黄色，捞出，沥净油后倒入调好的熟糖粉中拌匀，使熟坯表面均匀的粘上混合均匀的熟糖粉。

【特点】色泽洁白，酥松香甜。

开口一笑

新市有古潭，又称仙潭，潭深不测，水清碧澄，清凉甘冽。史传道学家陆修静曾寓潭旁，他智学高深，镇人尊他为“陆真人”。“陆真人”鹤发童颜，长寿如仙，有智者上门讨教养生秘诀，他只是咧嘴一笑，曰：“吾无秘诀，心静可修性，常笑便可长寿也。”此后，新市就有了人人喜欢、老少皆宜的著名糕点——开口笑。

【主料】面粉 1000 克、鸡蛋 250 克、白糖 250 克、油脂 100 克、食用苏打少许、白芝麻 100 克。

【制法】

1. 将面粉、白糖、油脂、食用苏打和搅拌均匀的蛋液，加入少量水，拌和成面团揉匀。
2. 将面团搓成直径 2 厘米长的条，下剂后搓圆，滚沾上白芝麻，即成生坯。
3. 在锅中加油，待油温至二成热时下入生坯，“养”至坯料浮起表面裂开后；待油温升至五成热，将坯炸至金黄色时捞出即成。

【特点】色泽金黄，香甜可口。

状元酥饼

千年古镇新市有座状元桥，据说，南宋嘉定年间，新市吴家园有一老母经常制作酥饼让儿子吴潜糊口攻读，吴潜便靠吃酥饼度日，后考中了状元，而后又任丞相，因此建状元桥。前清诗人沈颋有七律《雪后初晴舟过状元桥》道“野岸白垂君子竹，朝墩红透状元桥”，新市状元酥饼因此而得名。

【主料】面粉 1250 克、肥面 1250 克、雪里蕻干菜 750 克、肥膘肉 500 克、香油 100 克、饴糖 75 克、白芝麻 50 克、白糖 200 克。（成品 100 只）

【制法】

1. 将肥面加入面粉调制成碰酵面待用。
2. 将雪里蕻干菜切细，肥膘肉切成小丁，把雪里蕻干菜和肥膘丁加糖拌匀成馅待用。
3. 将面团擀成薄皮，表面抹上香油并撒上少许干粉卷成筒状，下 100 个剂，按扁包后加入干菜馅，收口。再按成边薄中间厚的饼坯，用刷子把饴糖刷在饼坯的表面，撒上白芝麻即成半成品。
4 将半成品贴在红泥烤炉的炉壁上，烘烤至色泽焦黄、香气扑鼻时取出即成。

【特点】焦香松脆，干香微甜。

农家青团

青团，又叫艾团，是清明时节南方民间的一道传统点心。原用于清明祭祖，也用来馈赠或款待亲友。麦青汁可选择艾草、浆麦草、马兰头等绿色食用植物制成的汁。

【主料】糯米粉 500 克、南瓜叶汁 200 克、豆沙 250 克。

【制法】

1. 选择鲜嫩的南瓜叶，绞出青汁。
2. 将青汁加少量盐，入锅中煮沸，以去涩味。
3. 把青汁趁热混入糯米粉后揉成面团。
4. 将粉团和豆沙分成数量相等的小剂子。
5. 将豆沙包入粉团中，将粉团搓圆，放入刷油或垫粽叶的蒸屉中，蒸 20 分钟左右，至熟，待团子出笼时用毛刷将熟菜油均匀地刷在团子的表面。

【特点】碧青油绿、糯韧绵软。

芽麦圆子

新市名点芽麦圆子，具有香、甜、糯三大特色，已有数百年历史。每年清明节前后，新市农妇制作芽麦圆子以赠亲友品尝。清明前后，田野上棉线草勃勃兴旺，将此草采摘洗净，煮沸，配入芽麦粉与糯米粉中，再将芽麦粉团蒸熟后做成圆子状，而后在锅盘中加香油，用文火将圆子煎至金黄油亮即可，冷却后愈加甜糯。

【主料】麦芽粉 200 克、糯米粉 500 克、粳米粉 200 克、棉线草 500 克、红糖 250 克、豆沙 250 克、白芝麻 25 克、菜油 100 克。

【制法】

1. 先把棉线草烧熟，加入糯米粉、粳米粉、红糖拌匀。
2. 将其揉成面团，加入麦芽粉揉匀，下剂。
3. 在面团中包入豆沙，用菜油煎成两面金黄，洒上白芝麻即可。

【特点】金黄油亮，香甜、软糯、可口。

糯米圆子

圆子是德清地区人们爱吃的食品。现市场上圆子口味诸多，常见的有芝麻馅、豆沙馅、猪肉馅等。口味改革后又出现新式的巧克力馅、抹茶馅等。旧时上元日，武康地区“满城灯火耀街红，统管笙歌到处同，真是升平良夜景，万家楼阁月明中”。上元节物为“圆子”和“油”，簸米粉为丸曰“圆子”，用粉下酵裹馅制如饼式，入油煎炸，曰“油”。各家以此节物祀神享先。周必大诗有句云：“时节三吴重，圆匀万里同。”

【主料】糯米 500 克、菜肉馅 1000 克。（制作产品 10 只）

【制法】

1. 将糯米用冷水浸泡 3 至 4 小时后，磨成粉，加水揉成粉团。
2. 垫上纱布后上蒸笼将粉团蒸熟。
3. 将糯米粉团摘成剂子，用手捏成碗状，加入熟菜肉馅，收口成型即可。

【特点】质地糯软，口味咸鲜。

手捏粑粑

捏粑粑是过去农民下地干农活时携带的干粮，原以粳米粉为料，现在制作工艺中为了口感好掺入适量的糯米粉，制作简单。成品冷却后干硬，嚼有余香。

【主料】糯米粉1500克、粳米粉3500克、白糖1000克、南瓜2500克。(制作产品数量100个)

【制法】

1. 将南瓜煮熟，沥干水分，捣成泥。
2. 把糯米粉、粳米粉、白糖和南瓜泥揉成面团。
3. 下剂用手用力捏成团形即可。
4. 上笼将其蒸制成熟。

【特点】香甜糯软，色泽淡黄。

家常汤圆

吃汤圆是冬至的传统习俗，在江南尤为盛行。“圆”意味着“团圆”“圆满”，冬至吃汤圆，象征家庭和谐、吉祥如意，民间有“吃了汤圆大一岁”之说。

【主料】糯米粉 200 克，肉丝 50 克，青菜 100 克，菜籽油、盐、糖、味精适量。

【制法】

1. 将糯米粉加冷水揉成粉团，做成直径 2 厘米左右的汤圆。
2. 锅内倒入菜籽油，放入肉丝、青菜煸炒，加盐、糖调味，盛起备用。
3. 锅内加水煮开，放入汤圆，煮至汤圆浮起，倒入青菜肉丝，再加入味精即可。

【特点】汤圆嫩滑、口味咸鲜。

洛舍馄饨

【主料】面粉 150 克、肉馅 200 克、植物油 10 克、酱油 5 克、味精 3 克、料酒 5 克、白糖 5 克。（制作产品 30 只）

【制法】

1. 将面粉加水，和面，摘剂后将其擀成馄饨皮。
2. 将馄饨皮包上肉馅作成大馄饨，再放入沸水锅中煮至七成熟。
3. 用植物油起油锅至五成热，将馄饨放入锅中炒制，加少许酱油。
4. 炒制馄饨表皮起油泡，表皮呈金黄色即可，出锅装盘。

【特点】色泽金黄，口感香嫩。

德清大火烧

德清大火烧是德清的著名风味小吃，火烧饼里裹着鸡蛋、鲜肉、豆干等馅料，松酥层多、香味浓郁，为当地的一大著名美食，深受老百姓欢迎。火烧饼曾被评为全国第一届“十优名点”。

【主料】

1. 皮料：精白面粉 500 克、温水 200 克、熟猪油(或植物油)150 克。
2. 酥料：精白面粉 100 克、熟猪油(或植物油)50 克。
3. 馅料：大葱、精盐、豆腐干、生板油、鲜肉。
4. 其他：鸡蛋 6 个。

【制法】

1. 将精白面粉加熟猪油(或植物油)和温水，调成皮料。将皮料分成若干个面剂(大小自定)，擀成饼皮。
2. 将精白面粉加熟猪油(或植物油)，调匀后擦成油酥。
3. 将大葱切碎，拌以适量精盐，将豆腐干、生板油、鲜肉均切为碎末，把上述原料混合拌匀，作为馅料。
4. 将饼皮逐个包上油酥，按成薄片，反复对折、按平(或擀平)，再包馅，封口，擀制成饼坯(直径约 10 厘米，厚度约 2 厘米)。
5. 在平底锅内涂上猪油(或植物油)，烧热后放入饼坯，将饼烙至六成熟，中间要翻个儿。
6. 在饼的边上开一个 4—5 厘米长的小口，灌入适量鸡蛋液，上火、加盖，烤至饼面鼓起，翻个儿后，即可起锅食用。

【特点】色泽金黄，香脆可口。

农家馓糍

馓糍是湖州的特产，也是农村春节期间招待客人的传统点心。相传古人是从饭锅巴中得到启发而制成，由于其容易消化，适宜产妇食用。一般将馓糍、赤红糖用沸水冲泡成“馓糍汤”，加入“糖氽鸡蛋”就成“馓糍糖氽蛋”，具有糯软、溜滑、甜而焦香之特点，这些风俗已成为女儿出嫁和女儿分娩时娘家必备之礼。

【主料】糯米。

【制法】

1. 将糯米淘洗干净，煮成八成烂的饭。
2. 铁锅用热水清洗洁净，中小火加热，用锅铲将糯米饭在锅壁四周拓薄，多次均匀搅拓后，出现厚薄均匀有如道林纸般厚薄的锅巴。
3. 焙干后用刀将锅巴铲成寸余宽长条即成。

【特点】松脆、焦香、略带甘味，以厚薄均匀、无结块、色略呈淡黄者为上乘。

防风神茶

传说与大禹同期的防风氏曾在德清三合下渚湖一带治水，当地百姓曾用橙子皮、野芝麻泡茶，为他祛湿驱寒，另以土产烘青豆佐茶。防风氏性急，将豆倒入茶中，连茶汤带烘豆一口吞食，防风氏饮用该茶之后觉得气力倍增，更加力大无边，治水业绩更为辉煌。这种饮茶习俗沿习了2800多年，被1200多年前的唐代茶圣陆羽所肯定。

【主料】茶叶、大豆、橙子皮、野芝麻、桂花、萝卜丝。

【制法】

1. 采摘山上野生茶树之嫩芽，晾摊后，经炒、揉、焙等多道工艺加工成茶叶。
2. 选用新鲜香芝豆（以香粳豆为佳），将其剥壳，用加盐的清水煮熟，用炭火焙烘，可入灰甏久藏。烘豆绿如翡翠、松脆上口、咸淡适中、味香而鲜。
3. 将橙子皮切成细丝条，加盐腌制。
4. 用锅将野芝麻炒制成熟，冲泡时浮于水面，齿嚼而碎即可。
5. 将萝卜切成细丝，日晒干制。
6. 食用时将一定量的茶叶、大豆、橙子皮、野芝麻、桂花、萝卜丝放入碗中，加食盐冲泡即可。

【特点】咸香可口、风味奇特。

【功效】驱风去湿、理气化痰、健食开胃。

【知识链接】防风茶俗

“打茶会”乃防风古国独具鲜明地方特色的“乡土茶道”礼俗，自古至今，已流传千年。分以下八种形式演绎弘扬：正月新春茶（头碗茶）、入屋茶（热屋茶）、女儿茶（囡儿子茶）、毛脚女婿茶（准新郎茶）、易家茶（移家茶）、亲家婆茶（探亲茶）、新娘子茶（结缘茶）、婆姨姐妹茶（讲天话茶）。

防风神茶吃法颇有讲究，头道，先品尝茶汤原汁；第二道，才吃烘青豆。茶人左手举茶盅（碗）至胸前，盅（碗）口朝里作45度倾斜，右手掌底轻轻叩击盅（碗）口，叩一下，盅（碗）底部的食物往上推一点，全可食用，再叩再吃，如此再三直到吃完。饮者举止有礼，主客皆大欢喜。

生态家园

【主料】大小鱼茸卷（红、黄、绿）300 克、紫菜卷 50 克、红肠 80 克、牛奶糕 50 克、咖啡糕 100 克、牛肉 150 克、西火腿 35 克、土豆泥 250 克。

【配料】芥蓝 10 克、西兰花 30 克、冬瓜皮 20 克、西芹 25 克、小黄瓜 25 克。

【制法】

1. 把黄瓜、胡萝卜、咖啡糕、牛肉、蛋黄糕、牛奶糕分别切成片，叠成山形，组合拼摆成远山。
2. 将咖啡糕雕成房子初胚，将西火腿切成片叠于房子胚上，同时将调好的门、窗放于指定位置上。
3. 将大的鱼茸卷、胡萝卜切成片，拼出“假山”状。
4. 以土豆泥打底分别做出两只姿态不同的鹅，把牛奶糕和红、绿小鱼蓉卷切成片做羽毛分别贴于鹅的胚上，用胡萝卜、牛奶糕雕刻出鹅的头，拼出两只姿态不同的鹅。
5. 将西芹切成水波状放于水中鹅的下方，将冬瓜皮雕成垂柳、小草，分别点缀好即可。

【特点】布局合理、刀工细腻、形态逼真。

喜庆绣球

【主料】面粉 150 克。

【配料】猪油 50 克、菠菜汁 20 克、咖啡汁 20 克、苋菜汁 20 克、莲蓉馅 125 克、色拉油 500 克（实耗 30 克）。

【制法】

1. 取面粉的一半加猪油，搓擦均匀成干油酥面；将另一半面粉分成四份，其中三份分别加入菠菜汁、咖啡汁、苋菜汁，另一份加温水，再加猪油拌和，揉透成水油面团。
2. 将油酥面团分成四份分别包入水油面团内，再收口擀扁，擀成长方形薄片，叠折成三层，再擀成薄片，再折叠成三层，再擀开、折拢，然后擀成厚薄均匀的薄片。
3. 将面团薄片切成 0.3 厘米宽的片，三份彩色面团片分别和常色面团片按十字交叉编织成坯皮。
4. 将莲茸馅心分成 12 份，分别放在坯皮中心，收口捏紧，收口部位朝下放置，制成初坯。
5. 把生坯分批分开排放在漏勺中，下入三至四成热的油锅中，炸至酥层成熟，取出装盘。

【特点】酥层清晰、酥松香甜。

【功效】养心益肾，健脾厚肠，除热止渴。

丰收蚕茧

【主料】净鱿鱼肉 750 克、净鱼肉 500 克。

【配料】蟹粉 100 克、油 750 克、料酒 20 克、盐 10 克、味精 5 克、姜汁 10 克、糖 10 克、柠檬汁 50 克、水 50 克、吉士粉 50 克、鸡汤 250 克、湿淀粉 15 克。

【制法】

1. 将净鱿鱼肉剞成麦穗形花刀；将净鱼肉剁成泥，加料酒、盐、姜汁、水搅打上劲；蟹粉加料酒、姜汁水在锅中煸炒至香。
2. 将蟹粉制成小丸子填入鱼茸中挤成蚕茧状，放入冷水锅中，加热，待温水烊熟，捞出装盘。
3. 将鱿鱼花投入沸水锅中，快速焯烫取出，沥干水分，均匀地拍上吉士粉，再放入五六成热的油锅中炸至色泽金黄。
4. 锅中加入鸡汤，再加盐、味精、料酒，旺火烧沸，勾薄芡，淋浇在鱼圆上；另取锅，加热滑锅后留余油，加入柠檬汁、糖、醋、少量水，旺火烧沸，用湿淀粉勾芡，投入鱿鱼翻炒出锅装盘，盘中稍加点缀。

【特点】鱼圆鲜嫩、鱿鱼脆嫩、黄白相彰、寓意深刻。

【功效】暖胃、补虚、泽肤。

福灯高照

【主料】基围虾 1250 克、净墨鱼肉 450 克。

【配料】盐 15 克、料酒 20 克、姜汁 20 克、味精 5 克、蛋黄糕 15 克、黄瓜 50 克、湿淀粉 15 克。

【制法】

1. 将基尾虾沸水煮熟，去头、尾、壳，取净肉；将净墨鱼肉刀工处理成茸，加料酒、盐、味精、姜汁、湿淀粉、适量水搅打上劲。
2. 将墨鱼泥挤成丸子，再将净虾肉尾朝上粘在墨鱼丸上，做成灯笼状 10 个，再放入蒸笼中旺火蒸至成熟。
3. 将墨鱼虾球装入盘中，浇入调好的鸡汁，用蛋黄糕和黄瓜片点缀。

【特点】质地鲜嫩、寓意明显。

【功效】养血、滋阴壮阳、益胃通气、祛淤止痛。

瓜熟蒂落

【主料】净鱼肉1000克。

【配料】南瓜泥250克、蟹黄100克、盐15克、料酒10克、味精5克、湿淀粉10克、莴苣20克。

【制法】

1. 将净鱼肉加工成鱼茸，放入南瓜泥、盐、料酒、味精、湿淀粉、水搅打上劲。
2. 将适量的蟹黄填入鱼茸中制成丸子，放入南瓜状的模子中，再放入冷水锅中，加热，温水烊熟。
3. 将鱼圆取出，装入盘中，再装上用莴苣制成的蒂。
4. 锅加热，滑锅后留余油，加入鸡汤、盐、味精，旺火烧沸，用湿淀粉勾芡，淋浇在鱼圆上。

【特点】色泽淡黄、质地鲜嫩、形象逼真。

【功效】味甘、性温，补中益气、降糖止渴。

葵花扣肉

【主料】五花肉 1250 克。

【配料】鞭笋 250 克、笋干 250 克、蛋黄糕 250 克、西芹 100 克、料酒 50 克、盐 25 克、糖 30 克、味精 10 克、南乳汁 50 克、葱 10 克、姜 15 克、酱油 30 克。

【制法】

1. 将五花肉加工成 10 厘米见方的块，放入水锅，加料酒、盐、糖、葱、姜、南乳汁、酱油烧制，待肉成熟入味，取出，冷却待用。
2. 将笋干放入肉汤汁中，用中小火烧制入味待用。
3. 鞭笋加工成 1.5 厘米长的段，再加工成花芯状。
4. 将五花肉切成薄片，卷包在鞭笋芯上，放入扣碗中，用笋干填实，放入蒸笼中用旺火蒸至入味。蛋黄糕加工成葵花瓣状，装入盘中，将蒸制成熟的扣肉装在花瓣上，再用西芹等点缀即可。

【特点】肉红亮酥烂、笋干香嫩、造型美观。

【功效】补肾滋阴、养血润燥、清热化痰、益气和胃。

秋收硕果

【主料】净鱼肉 750 克、净墨鱼 1000 克。

【配料】芥蓝 150 克，蟹黄 100 克，吉士粉 150 克，油 750 克，盐 20 克，糖 15 克，料酒 15 克，味精 5 克，醋、湿淀粉 20 克，鸡汤 250 克。

【制法】

1. 将净鱼肉加工成鱼茸，加入盐、料酒、味精、湿淀粉、水搅打上劲。
2. 将适量的蟹黄填入鱼茸中制成丸子，放入花生状的模子中，再放入冷水锅中，用火加热至温水烊熟，装盘。
3. 将净墨鱼肉剞成玉米花刀，投入沸水中焯烫至断生，沥干水分，拍上吉士粉，再入五六成热的油锅炸至金黄取出装盘，用芥蓝装饰。
4. 锅留余油，加入柠檬汁、糖、醋、适量水烧沸，用湿淀粉勾芡，投入墨鱼肉颠翻均匀裹芡，装盘。另取一锅，加鸡汤、盐、糖、味精，用湿淀粉勾芡，淋浇在鱼圆上。

【特点】鱼圆鲜嫩，墨鱼脆嫩，菜肴造型美观，寓意深刻。

【功效】性味咸、平，能养血滋阴、益胃通气、补虚泽肤、祛淤止痛。

花好月圆

【主料】净鱼肉 1500 克。

【配料】净虾肉 350 克、菠菜汁 80 克、胡萝卜汁 50 克、可可粉汁 30 克、盐 30 克、糖 15 克、味精 10 克、料酒 25 克、湿淀粉 30 克。

【制法】

1. 将净鱼肉加工成鱼茸，加入盐、料酒、味精、湿淀粉、水搅打上劲。
2. 将净虾肉剁成茸，按 2 ：3 ：4 的比例分成三份，分别加入可可粉汁、菠菜汁、胡萝卜汁调匀。将虾肉填入鱼茸中，装入月饼状的模具中，再放入冷水锅中，加热，待温水烫熟，装盘。
3. 锅洗净加热，滑锅后留底油，加入鸡汤、盐、味精，用湿淀粉旺火勾芡，淋浇在菜肴上。

【特点】质地鲜嫩、口味咸鲜、造型美观。

【功效】补血养肝，和中开胃。

新市全羊宴

新市是著名的江南水乡古镇，至今已有1700年的历史是中国历史文化名镇、浙江省民间艺术之乡。新市的羊肉文化已有近百年历史，其原料选自一年生的湖羊，用文火加酱油、冰糖、小茴香等数十种调料焖煮一整夜而成，故肥而不腻、酥而不烂，历史上称为“一品”羊肉。20世纪30年代初，“张一品”酱羊饺用小竹篮包装，远销我国港澳地区和东南亚国家，声名远播。如今，一碗羊肉、一壶烫热的黄酒，已成了该镇普通市民在秋冬季节的一种传统的饮食方式。羊肉和黄酒浓缩了当地的传统饮食文化，成了一个节日。自1996年以来，新市已连续14次成功举办了“羊肉黄酒节”。

银都大酒店于1999年开始研究羊文化系列菜肴，推出了在浙北地区十分有影响的“全羊宴”。“全羊宴”的菜单包括霸王鲜、白切羊肉、二味羊肝、双色羊羔、茄汁羊肉条、绵花羊肉、黄芪羊肉羹、贵妃羊肉、针菇羊卷、一品羊肉、青蒜羊肚、神仙羊肉串、红烧羊爪、芝麻羊肉排、香酥羊头、羊血豆腐、里脊羊肉、小炒羊肠、珍珠羊肉球、锅仔羊八仙、青椒羊柳、细沙羊尾……并根据顾客需求，不断创新。

满汉全羊腿

铁板羊排

风味羊肝

纸锅肥羊

花鳖老汤煨羊腩

夹饼羊仔粒

极品羊血汤

金牌香酥烤羊头

羊脑煨豆腐

切羊肉

菊花羊炮

羊八鲜

火把羊排

蒜香羊肚

民间风情宴

德清地处杭嘉湖平原，以 104 国道为界，西部为山区，东部为平原，历来是茶竹之地、鱼米之乡。多变的地理环境、多种的生活风格、山区平原不同的物产及民风民俗，使德清在饮食文化方面能够呈现出多样的生活气息和特有的文化色彩。莫干山大酒店地处全国四大避暑胜地之一的莫干山脚下，是德清各种生活习俗和饮食文化的荟萃之地。大酒店集当地的民风民俗为一体，将丰富多彩的饮食文化汇聚在盆碟菜肴之中，即浓缩成民间风情宴。

民间风情宴由六个冷菜、八个热菜、两个点心和一个雕刻组合而成。雕刻——“展望”雄鹰展翅翱翔，象征当地经济腾飞发展。整个宴席采用当地优质农产品为原料，如高山竹林鸡、水精灵青虾、清溪花鳖、“山伢儿”早园笋、莫干湖鱼等，都是当地有口皆碑的绿色食品。在制作工艺上由中国烹饪名师李林生先生总体策划设计，省市名师精心制作，大多采用民间烧、炖、蒸、炒等传统工艺手法，其中也不乏探索创新，可谓设计新颖、超凡脱俗、物华精美。

民间风情宴也是莫干山大酒店系列名菜展示，是地方风情的体现。如蟹粉珍珠鱼、葵花扣肉、鲜果素鱼翅、秘制水精灵等菜肴。点心芽麦圆子是当地民风民俗的体现；防风熏豆文化底蕴深厚，使人领略到这里乃是有千年历史文化之“防风故国”的所在地，将您带入远古回忆。纵观民间风情宴，具有色彩雅致、制作精细、质地鲜嫩、口味醇正的特色。入席品尝，把酒畅饮，将使您得到餐饮美食的无限享受。

游子文化宴

孟郊（751—814），字东野，唐代武康（今德清）人。孟郊年少丧父，与母亲在武康相依为命。所著《游子吟》："慈母手中线，游子身上衣。临行密密缝，意恐迟迟归。谁言寸草心，报得三春晖。"世人广为传颂。

在慈母的培育下，孟郊发愤好学，学而有成。虽三次科举失败，但在母亲不断地鼓励下，46 岁第四次参考。孟郊孤身在长安求学，实现了自己"金榜题名"读书人的梦想。题名后，在长安街上游行之日，他吟出了"春风得意马蹄疾，一日看尽长安花"的传世名句。唐德宗贞元十二年（796），孟郊题名回家，短暂的欣喜后，又是长久的失落与等待。才气横溢的孟诗人恃才傲物、不屑钻营，结果被闲赋家中数年。直到贞元十七年（801），才谋到了江苏溧阳县尉之职，分管的是催租增税、判狱缉盗等县官府的日常事务。孟郊心高气傲，熬过 3 年后，终于不屑在溧阳屈就，拂袖而去。

孟郊一生以苦吟著称，诗歌风格追求奇崛险怪，《游子吟》更是把普天下的华人在伟大的母爱面前那种无以为报的歉疚表达得淋漓尽致，触及了天下游子心底最柔软的地方，也体现了天下母亲伟大的慈爱。

《游子文化宴》菜谱

孟府冷菜类：

酥炸爆鱼　寸草野菜　山里腊肉　凉拌笋干

卤水牛肉　松花皮蛋　传统酱鸭　孟乡豆干

孟府大菜类：

孟妻鱼肚羹　孝子全家福　孟归酱羊肉　干菜烧桂鱼

孟府热菜类：

红虾密密缝　慈母千张包　游子元宝肉　春晖葱油笋

冬菜扁尖笋　高丽水果球　百鸽伴虾仁　清汤煮时蔬

孟府点心类：

故乡第一包　乡恋芽麦饼

孟府水果类：

乡情水果盘

防风养生宴

“天开地裂防风国，江南湿地下渚湖。白鹭飞舞云荷图，芦苇小舟月明孤。”防风氏是我国远古时代防风国的先民首领和治水英雄，是远古防风国（在今浙江德清县）的创始人，又称汪芒氏，传说中的他是一位顶天立地的巨人。当时，洪水泛滥，人民深受水患之苦。力大无穷的防风氏跟随大禹，导流泄洪，立下了治水的大功。功成之后，大禹在会稽大宴群雄，但防风氏迟到了。大禹以藐视规章为由要杀防风氏，刽子手一刀下去，防风氏颈项却喷涌出雪白的血液。大禹大惊，知有冤情，后经查明，防风氏是因为路遇山洪，忙着抢险救援而迟到的。大禹后悔不已，为了给防风氏平反昭雪，于每年八月十五日亲自祭祀防风氏。据说如今的绍兴刑塘就是当初防风氏被杀的刑地。防风氏的故事，可以在《国语·鲁语》的孔子答客问找到佐证。传说中防风氏力大无穷是与饮食有关。

《防风养生宴》菜谱

防风冷菜类：

糟香肚片　凉拌莴笋　防风白鸡　爽脆洋葱

蒜茸凤爪　酒酿南瓜　香卤顺耳　卤水毛豆

防风大菜类：

防风氏甲鱼　下渚湖蟹王　稻香红烧肉　养生神仙鸭

防风热菜类：

黄芽烹大虾　茨菇烧鸡块　红烧黄鳝段　德清肉饼子

锦锈炒鱼米　葱油汁茄子　砂锅鳜鱼肥　浓汤小青菜

防风点心类：

中秋团圆饼　新市蒸茶糕

防风水果类：

防风水果盘

年猪饭——团圆富贵

德清农民的年猪饭尤以西部山区的后坞年猪饭最为典型、历史最为悠久。年猪饭的菜都取材山野，山民喂养的猪由于是吃山里野草长大，肉质鲜美，绝非一般猪能比拟，再加上用山间的冬笋、野菜等为辅料，饭更是用当年的新米加上几撮糯米，入口即化。

近几年，来自杭州、上海、江苏的都市城里人也加入了吃年猪饭的队伍中，找一户当地的农家，坐在温馨、简朴的农家房里，吃着绿色、健康、美味的年猪饭，真真切切地融入纯朴的乡村生活，重享儿时的过年氛围。

年猪饭菜肴主要有：大蒜炒猪肝、红烧肉、红烧蹄髈、黄豆猪尾巴、萝卜烧肉、笋干烧肉、咸菜猪血、腌菜肉、猪肺汤、猪头糕、大蒜炒笋衣、水芹菜炒香干、腌菜毛笋等。

鱼汤饭——年年有鱼

德清鱼汤饭历史悠久，是当地渔民流传下来的一个庆祝渔业丰收的传统习俗。早在吴越时期，村民就以养鱼、捕鱼为生，历代下来便形成了赶鱼、捕鱼、吃鱼汤饭的习俗。每年冬季，渔民划上渔船，带上渔网，将鱼慢慢地赶向主湖面的指定位置，等渔民觉得极大部分鱼都集中在主湖面时，渔民在鱼的集聚区插上竹竿以标明位置，选择一个天气好的日子进行大网捕鱼。大网捕鱼当天一大早，村里所有的渔船都聚集在湖面拉大网捕鱼，场面非常热闹。捕鱼结束，渔民就在空旷地带架起大锅，摆上桌子，煮鱼汤饭，吃鱼汤饭，一来是庆祝鱼塘有好收成，二来是为了答谢邻居和捕鱼的人。

德清的下渚湖和洛舍漾两地的鱼汤饭，选用富含多种氨基酸、极具营养价值的青鱼及花鲢等上好的大鱼，现杀现做，经过简单的去鳞、剖肚等处理后，切成大块，然后以当地的菜油、秘制豆瓣酱加以烧制，一般要煮1个小时以上，制成鱼汤。由于用材的新鲜、独特，烧出的鱼汤鲜美可口。同时由当地好手将现杀的活鱼，做成鱼丸子，此地的鱼丸子也是一绝。丸肉松且不粘牙，味道十分独特，而且将其甩到地上还极富弹性，不易碎裂。此时再配上当地的时令蔬菜，一桌健康、美味的鱼汤饭便做成了。每年此时，当地人都争相品尝这种鱼汤饭。

鱼汤饭的主要菜肴有：大锅鱼汤、红烧鱼块、鱼圆及时鲜蔬菜。

清溪花鳖

清溪花鳖原产于太湖东苕溪流域，其外表鳖纹比较大。清溪花鳖性格凶猛，比较好斗。清溪鳖业有限公司创始人王根连从当地野生鳖中严格筛选后，采用仿野生养殖技术，在与自然环境相一致的露天池塘内，采用鱼鳖、虾鳖混养，稻鳖轮作的生态养殖模式培育。清溪花鳖野性十足，风味独特，已获得国家原产地保护，并且制订了国内最详尽的清溪鳖繁殖、养殖技术标准。

清溪花鳖肉质细嫩、表皮光滑、体薄、裙边宽厚、脂肪色泽金黄、无腥味。富含维生素 A、维生素 B2、维生素 B1、烟酸、维生素 D、锌、铁、钙、磷、碘等营养成分。具有滋阴补阳、益气活血、补脑强心、延年益寿等功效。

烹调中可采用炒、烧、炖、焖、烩、蒸等多种烹调方法将清溪花鳖以整形或加工成块状烹制菜肴，也可以将花鳖分割成颈、裙边、背甲、爪、肠、鳖鞭及鳖蛋单独制成菜肴。

“水精灵”青虾

青虾又称河虾、沼虾，是一种广泛分布于淡水水域的主要经济虾类，生长快，在5—6月份孵化出的幼苗，一般约40天幼苗就能长到3厘米左右，到11月份每只体重一般可达3—5克。青虾以虾体完整、甲壳密集、外壳清晰鲜明、肌肉紧实、身体有弹性，并且体表干燥、洁净的质量为好。

青虾营养丰富，肉质松软，易消化，对身体虚弱及病后需要调养的人来说是极好的食物；青虾中含有丰富的镁，对心脏活动具有重要的调节作用，能很好地保护心血管系统，减少血液中胆固醇含量，防止动脉硬化；虾的通乳作用较强，并且富含磷、钙，对小儿、孕妇尤有补益功效。

烹调中可用炸、烩、盐卤、油爆、炒等方法制作菜肴，还可将其加工成虾米。

德清青虾产业快速发展，并创立了“水精灵”品牌，全县建立了三合、钟管两个青虾专业市场和若干个交易点，三合、武康、干山、钟管4个乡镇青虾养殖面积超万亩，青虾总产量可达4500吨。“水精灵”青虾生产基地在2003年通过浙江省海洋与渔业局无公害农产品产地认定，并于2009年5月通过国家级青虾养殖标准化示范基地的验收。

蚬子

蚬子为软体动物，其介壳形状像心脏，有环状纹，生在淡水软泥里，又称扁螺。其肉质细嫩，味道鲜美，壳可入药。蚬肉含有蛋白质及人体内无法合成却又必需的氨基酸、多种维生素和钙、磷、铁、硒等营养物质；蚬肉中所含微量的钴对维持人体造血功能和恢复肝功能有较好效果。

蚬肉性大凉，可清热、利湿、解毒，能治消渴、黄疸、湿毒脚气、疔疮痈肿、饮食中毒等症。《本草纲目》中，蚬子也被记载有排毒养颜、强壮身体的功效。但平素脾胃虚寒、肾虚滑精者忌食，同时其也不适合寒性气管炎者食用，风寒感冒患者忌食，女子月经来潮期间和妇人产后恢复期忌食。

浓缩蚬汁

浓缩蚬汁使用鲜蚬提取物，配以蜂蜜及多种高级佐料，经高速分离、杀菌、低温浓缩而成，含有20多种氨基酸，鲜味极浓，有“液体味精”的美誉，是鲜味类的复合调味品，可替代人们通常使用的味精、鸡精，作为菜肴的后期调味。

四时美浓缩蚬汁是由德清的湖州凡人食品有限公司与江南大学食品学院联合研制开发的一种高级营养使用其调味珍品，其集中了野生蚬自身独有的高营养、鲜味道的特点，便于人们烹调制作各式美味佳肴。

“山伢儿”早园笋

早园笋是早园竹产的笋，是德清有名的地方特产，古时称之为“猪蹄红”，早园笋以其上市早、鲜嫩粗壮、味甘美而著名，一直被列为地方贡品。德清生产早园笋历史悠久。据史料记载，早在唐朝天授年间，在德清的中西部乡村，早园笋的生产已经达到相当的规模，距今已有 1300 余年。早园笋主要分布于德清上柏、乾元、雷甸、武康、三合、秋山等乡镇，尤以三合乡二都产的最佳。

德清早园笋，又名园笋、旱笋，为笋中珍品。早园笋以其矮、壮、粗、嫩，颜色呈黄紫且带油光，笋肉厚实，白嫩鲜美，清香爽口而享有盛名。

早园笋营养丰富，主要含有蛋白质、脂肪、碳水化合物、水分、维生素 B1、B2、C 及钙、磷、锌、铁等营养成分，每百克鲜笋中含有粗蛋白质 3.26 克，脂肪 0.2 克，是一种高蛋白、低脂肪食物。组成早园笋蛋白质的氨基酸有 17 种，其蛋氨酸含量是各种竹笋中最高的，为鸡蛋含量的 40%。早园笋还有一定的药用价值，李时珍《本草纲目》称，笋有化热、清痰、爽胃、助消化、防便秘等功效。

早园笋适合多种烹调方法，可炒、焖、炖、氽、煮，亦可拼冷盘。既可单独作菜，也可与肉类搭配制成美味佳肴，或与其他菜烹调，其味更鲜美，所以其素有“无笋不成席”之雅称。

德清作为全国“早园笋之乡”，有早园笋基地 10 万亩，年产早园笋 7 万吨，产值 2 亿多元。科技人员经过数十年研究，通过品种选优和技术改进，培育出优质早园笋。上市时间也由原来单一的春季，扩展到秋、冬、春三季；年平均产量由原来的不足 6000 公斤 / 公顷，提高到 15000—20000 公斤 / 公顷以上，德清林业局于 1999 年为本县早园笋注册了“山伢儿”商标。

湖羊

湖羊是我国的优良绵羊品种之一，属国家级一类保护畜种，具有生长快、成熟早、繁殖力强、耐湿热等优良性能。产区在江苏、浙江之间的太湖流域，故得其名。

湖羊具有短脂尾型特征。公母羊皆无角，颈细长、背平直、胸浅，体躯长，四肢高，毛色洁白，呈波浪状花纹，光泽悦目，皮板柔软。脂尾扁圆形，不超过飞节。成年公羊体重 40—50 千克，母羊 35—45 千克。屠宰率 50% 左右，净肉率 38% 左右。

湖羊肉性温热，补气滋阴、暖中补虚、开胃健力，在《本草纲目》中被称为补元阳益血气的温热补品。湖羊肉质鲜美，营养丰富，具有瘦肉多、脂肪少、胆固醇含量低、肉质鲜嫩多汁、膻味轻、易被人体消化吸收的特点。湖羊也具有较好的经济性状，所产小湖羊皮毛色洁白，花纹奇特，素有“软宝石”之称；大湖羊皮轻、糅、暖、美，是皮衣制革的好原料。

烹饪中湖羊肉以加工成块状居多，也可以加工成丝、片等形状，适合烧、炖、炒等多种烹调方法。以湖羊肉制作的名菜有张一品酱羊肉、生炒小羊肉等。

逆　鱼

逆鱼俗名刺鳊、扁脖子、浮鲢，鲤科。逆鱼口小，喜群集逆水溯游。以藻类（硅藻、丝状蓝藻）为主要食物。1 龄即性成熟，5 至 6 月产卵，卵漂流性，产于急流溪河中。个体小，繁殖快，数量较多。

每年江南入梅季节，阴雨连绵，苕溪水涨，逆鱼从太湖回溯产卵。德清境内诸水汇聚，山转水弯，逆鱼麇集，成为捕捞佳地。其游至德清乾元镇（原城关镇）长桥河即将产卵时最为肥美，德清人有句“到长桥河里看柯鱼”的顺口溜。民国《德清新志》有：“鱼多逆水，以逆水者则美，顺流者则劣，故而逆鱼独得其名。逢梅汛结群而来。初水者大，二水者次之，三水者小矣。此鱼初入余不溪，鱼身坚实，体肥而卵满。如上溯至余杭，体力耗尽，鱼体瘠瘦，味则差矣”。（注：德清县旧称“余不县”，县内有“余不溪”。）

逆鱼一般以整形制作菜肴，适合蒸、炸、烹等多种烹调方法。

黄颡鱼

黄颡鱼体长形，前部稍平扁，后部侧扁。口下位，吻圆钝。有须4对。鳃孔宽阔。体裸露无鳞，侧线平直。体上部灰黑色，下部呈粉红色和白色。脂鳍较臀鳍基短，尾鳍分叉深。生殖突明显。

黄颡鱼喜栖息在具腐败食物和淤泥的静水或缓流浅滩底层。多聚集在深水处越冬。耐恶劣环境，幼鱼多生活在沿岸地带。觅食一般在夜间进行，以食底栖无脊椎动物、昆虫、软体动物等为主的广食性小形鱼类。生长较快，常见个体100克，最大个体达1.5公斤。2冬龄达性成熟，4—6月时其常在流水浅滩或岸边草丛中产卵，有群体营巢产卵习性，卵具粘性。

黄颡鱼蛋白质、无机盐、维生素含量高，肉质细嫩，其肉质细嫩少刺、营养丰富、味道鲜美、食用价值高。黄颡鱼还有健脑、补血、调中益阳等保健功能。

黄颡鱼在烹调中以整形制作菜肴居多，适合蒸、烧、焖、炒等多种烹调方法。